写给
青少年的
财商课

U0163399

威小蛋
理财记
存钱小管家

姚茂敦——著　汪智昊——绘

电子工业出版社·
Publishing House of Electronics Industry
北京·BEIJING

人物介绍

钱小蛋

"钱小蛋理财记"系列书主角，7岁，读小学一年级，调皮捣蛋、好玩、爱动脑筋，喜欢以理财小能手自居。与钱菲菲、马大壮、高博文、许思红同班，几个好朋友住在同一个小区。

钱爸爸

投资公司分析师，知识渊博，善于用生动有趣的故事和通俗的语言，讲解深奥的经济学常识，特别是投资理财知识。

钱妈妈

购物达人，公司行政人员，熟悉各种购物省钱技巧。

钱菲菲

钱小蛋的双胞胎妹妹，喜欢给人取外号，对新词汇、新知识都感兴趣，爱"打破砂锅问到底"。

糊涂舅舅

钱小蛋和钱菲菲的舅舅，做事马虎，爱吹牛，经常犯糊涂，钱菲菲送他一个外号：糊涂舅舅。

毛老师

梧桐树小学一年级2班的班主任，善于搞活课堂气氛，鼓励孩子们观察社会现象、增强动手能力、树立正确的金钱观。

马大壮

钱小蛋和钱菲菲的同班同学，钱小蛋的好哥们，勇敢、点子多。

高博文

钱小蛋和钱菲菲的同班同学，胆子小、做事谨慎、成绩好，典型的乖学生。钱菲菲送他一个外号：高博士。

许思红

钱小蛋和钱菲菲的同班同学，和钱菲菲的关系好，表现欲强，爱显摆，经常有各种奇思妙想。

目录

钱小蛋变身存钱小管家

本篇知识点

春运

抢票软件

压岁钱

"黄牛党"

借记卡

儿童银行卡

农历春节快要来临，家里就数钱小蛋最开心了。因为，爸爸早就和爷爷说好了，要去乡下一起过大年。想到可以在乡下认识新朋友，还可以做很多好玩、有趣的事情，比如放鞭炮、滚铁环、滑雪、抓鱼等，钱小蛋心里乐开了花。

爸爸提前 15 天在网上把高铁票订好了。一切准备就绪，就等爸爸妈妈放假了。

终于熬到大年三十，天还没亮，激动不已的钱小蛋就起床洗漱，迫不及待地穿上新衣服，还把钱菲菲从暖和的被窝里拉了起来。

9 点整，一家四口乘坐的高铁开始发车。

"爸爸，之前你买高铁票，说差点没抢到，为什么要抢票呢？上次我们去爷爷家很好买票啊。"钱菲菲不解地问。

"是的，平日很好买。但每年春运期间，无论汽车票还是火车票，都很难买，都会出现抢票的状况。如果动作慢点，车票就会被别人买走了，所以必须眼疾手快才行。"钱爸爸哈哈大笑，"为了买到票，有人还研发了抢票软件呢。"

"那春运和抢票软件都是什么呢？"钱菲菲追问。

"春运，简单来说就是春节运输，是我国在农历春节前后，因为大规模的人口流动导致交通运输压力剧增的一种特殊现象。春运产生的原因是，改革开放之后，越来越多的人选择离开家乡外出工作、求学、经商，而中国人都有春节团圆的传统，大家集中在春节期间返乡，就形成了春运。"爸爸解释说，"而抢票软件是一些互联网公司根据春运特定时期，针对乘客买票难而研发的一种产品，据说这种软件可以提高买到车票的概率。不过，使用这种软件，也容易泄露个人信息。"

"用抢票软件一定能抢到票吗？"钱小蛋问。

"那可不一定，能不能买到票就要看运气了。"爸爸叹了一口气，继续说，"如果通过售票窗口、网上订票等方式还是买不到票的话，人们或许只能从'黄牛党'手中加价购票了。"

"'黄牛党'？"钱菲菲对这个新词汇很好奇。

"'黄牛党'就是大家经常说的'票贩子'，是专指倒卖火车票、景区旅游票、演唱会票、电影票、医院挂号单等凭证的人。"爸爸介绍说，"这些倒卖火车票的人，一方面利用各种关系购买和囤积大量票源，另一方面抬高价格，寻找机会卖出手里的票，谋取暴利。"

"这些'黄牛党'真可恶！"钱菲菲不禁为买不到票的人打抱不平。

不知不觉中，高铁很快到达目的地了。和上次一样，爷爷开着他的皮卡车早已等在车站外面。

钱小蛋和钱菲菲在乡下老家玩得可开心了，不但认识了好几个新朋友，而且还跟着爷爷上山采收板栗、下鱼塘抓鱼、贴春联、放鞭炮。当然，最让他们开心的是，大年三十晚上，爷爷还分别给了两个小家伙 200 元钱。

"爷爷，您为什么要给我们那么多钱呢？"钱小蛋好奇地问。

"这叫压岁钱，是中国人过年的习俗之一，

是由长辈派发给晚辈的。压岁钱用来'辟邪驱鬼',保佑平安。在远古时期,年是民间神话传说中的一种恶兽,晚辈得到压岁钱后,就可以平平安安度过一岁。当然,压岁钱更多地代表着长辈对晚辈的关爱和祝福。"爷爷笑呵呵地说。

"真好玩。那爷爷还要给爸爸压岁钱吗?"钱小蛋问。

"爸爸已经是大人了,自然就不用爷爷给压岁钱了。"爸爸说,"相反,爸爸会给爷爷奶奶红包,这代表着孝顺。我们中国人都有尊重老人和爱护孩子的传统。"

钱小蛋和钱菲菲点了点头。

大年初二,钱小蛋和钱菲菲跟着爸爸妈妈去亲戚家拜年,又得到几个红包。

玩到大年初六,钱小蛋和钱菲菲才恋恋不舍地辞别爷爷奶奶,跟着父母回到城里。

房间里,钱小蛋和钱菲菲认真清点压岁钱和拜年红包,每个人居然都得到了 800 元。

"好大的一笔钱啊!"钱菲菲感叹道,"这下,我可以买好多东西了。"

钱小蛋摇了摇头,说:"菲菲,我觉得这些钱应该先存起来,等将来需要大笔开支时再用,这样我们就不用从爸爸妈妈那里要钱了,你说呢?"

"有道理。可是钱应该存在哪里才好呢?"钱菲菲一时拿不定主意。

"爸爸之前说过储蓄，就是把钱存在银行，既安全又有利息。"钱小蛋为想到存钱这个主意而自豪，但他又不想存在爸爸妈妈的银行卡上，因为那样钱被大人取出来用了他都不知道呢。

"可我们还是孩子，可以单独申请银行卡存钱吗？"钱菲菲有点疑虑。

"我们问爸爸去。"钱小蛋边说边往客厅走。

爸爸正在看财经频道，看到两个小家伙手里拿着红包，估计是来寻求帮助了。

"爸爸，我想把这些钱存进银行，自己管理，做一个存钱小管家，可以吗？"钱小蛋满怀期待地问。

"当然可以啊，你可是理财小能手呢。"爸爸开心地说，"这个主意很棒，明天爸爸就带你们去银行开户，办理儿童银行卡。"

"真的可以啊？那什么是儿童银行卡呢？"钱菲菲高兴得跳了起来。

"**儿童银行卡是商业银行针对 16 周岁以下儿童开立的银行卡，这种卡没有透支额度或透支额度很小，而且需要事先经过家长批准，刷卡消费额也有严格限制，但各类功能齐全。**"爸爸说。

第二天，爸爸带上身份证、户口本等材料，和两个小家伙来到小区附近的一家银行网点。银行工作人员很快为他们分别办理了一张"小小银行家"借记卡，还热情地为两位小储户办理了存款手续。

在回家路上，钱小蛋问："什么是借记卡？"

"**借记卡是指商业银行向持卡人签发的，没有信用额度，持卡人先存款后消费的银行卡。**"爸爸介绍说，"借记卡具有存取现金、转账汇款等功能，但不能先消费后还款。知道了吗？"

"知道了，我现在可是存钱小管家咯。"钱小蛋兴奋不已，拉着钱菲菲向家跑去。

钱菲菲想当网红主持人

本篇知识点

"铁粉"
粉丝经济
网络主播
网络直播
网红
直播带货

根据和爸爸妈妈商量好的规则，周一到周五，钱菲菲和钱小蛋在写完作业后，晚上可以看半小时的电视，周末则可以看一小时。

周六晚上，钱菲菲和钱小蛋正在看动画片。电视里，一位活泼可爱的小主持人，说话风趣，妙语连珠，受到很多小伙伴的热烈欢迎。

"哇，这位主持人好厉害啊！"钱菲菲无比羡慕地说，"小蛋，我也想当主持人，你说可以吗？"

钱小蛋撇了撇嘴，用手摸了摸钱菲菲的额头，毫不客气地笑着说："菲菲，你没生病吧？"

"我没生病啊！"钱菲菲认真地回答。

"那你咋说胡话呢。你看电视上的主持人，哪个不是长得很漂亮，普通话标准，而且还懂得很多。你啊，这辈子怕是悬哦。"钱小蛋继续说。

"讨厌！我有那么差吗？"钱菲菲被钱小蛋一打击，眼泪都快掉下来了。

眼看钱菲菲要哭了，钱小蛋有点慌了，他心想：要是钱菲菲去妈妈那里告状，自己肯定被妈妈骂惨，不行，得想个办法。

钱小蛋的眼睛滴溜一转，有了主意："你别急啊，如果你去做网络直播的话，倒是有可能成为很红的网络主持人呢。"

"网络直播是什么啊？"钱菲菲来了兴趣，赶紧追问，"网络主持人又是什么？"

"我也不懂，只是听马大壮说的。"钱小蛋想了想，建议说，"我们问爸爸去。"

钱菲菲关掉电视，跟着钱小蛋来到爸爸的房间。

"爸爸，我想当网络主持人。"钱菲菲挽着爸爸的手臂，哀求道。

爸爸瞪大眼睛，看着钱菲菲："为什么突然有这个想法呢？说说看。"

"我很喜欢主持，很想像电视里的主持人姐姐那样，有大批忠实的观众。"钱菲菲说出原因。

"嗯，确实是很棒的主意。这些忠实的观众就是人们常说的'铁粉'。"爸爸解释说，"'铁粉'很多的话，还会形成粉丝经济呢。"

钱小蛋歪着脑袋，搞不清楚是什么意思："粉丝经济倒是听说过，'铁粉'是什么？是铁块的粉末吗？"

"肯定不是嘛，真笨。"钱菲菲终于找到了反击

钱小蛋的机会。

"不是铁块的粉末。'铁粉'是一个网络词汇，就是铁杆粉丝的简称。很多名人有成千上万的'铁粉'，菲菲如果不断努力学习主持，今后也会有很多'铁粉'呢。"爸爸继续说，"粉丝经济是指建立在庞大的粉丝群体之上，通过提升用户忠诚度并以口碑营销形式获取经济利

益与社会效益的一种经济行为。比如，有的歌星会在自己的官方网站或自媒体上卖演唱会门票、代言的产品等，喜欢这位歌星的粉丝越多，购买力就越强，从而形成粉丝经济。"

"爸爸，那网络直播和网络主持人是什么意思？"钱菲菲突然想起她之前问小蛋的没有得到答案的两个问题。

"人们常说的网络直播，是目前比较流行的网络社交方式，具体做法是，在现场架设独立的信号采集设备（音频＋视频），再通过手机或计算机上传至服务器或直播平台，然后供人观看。"爸爸继续说，"网络主持人又被称为网络主播，是指通过网络视频直播间、聊天室等平台展示自己的才艺，受到平台用户的欢迎，从而获得收入的一种网络职业。

可别小看网络主播，这可是一个对人的综合能力要求很高的职业，一个优秀的网络主播，要面对线上数万、几十万甚至上百万观众，并能与观众交流互动。"

钱菲菲有点被搞晕了："网络直播和网络主播不是一回事吗？"

"当然不是一回事。网络直播是一种新兴的社交方式，而网络主播是一种新兴的职业。懂了吗？"爸爸耐心解释道。

"这么一说就清楚了。"钱菲菲点点头。

爸爸满意地微笑着说："不过，爸爸要提醒你，想当主持人是好事，值得鼓励，只要努力学习基本功，就有可能达到目标。但千万不要为了快速赚钱而做一些违背法律和社会道德的事情。比如，有的网络主播在网上直播抽烟、赌博等，就是很严重的

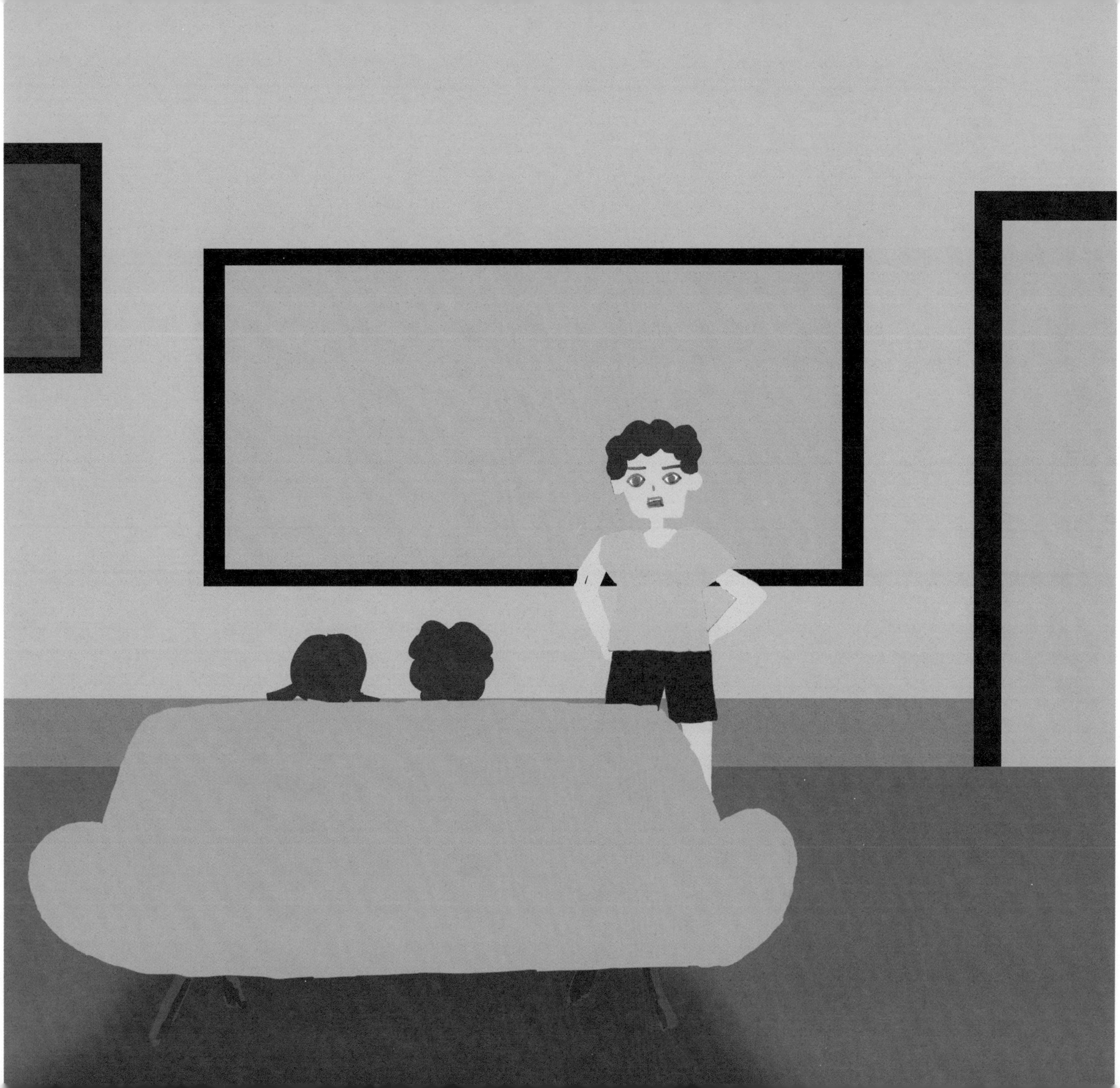

违规行为，会受到大家的抵制和法律的处罚。"

"爸爸，马大壮说他有一个亲戚，不是明星，却可以在网上做直播卖东西，这是为什么呢？"钱小蛋问。

"马大壮的亲戚虽然不是明星，但可能是网红，所以同样可以直播带货。"钱爸爸分析说。

感觉爸爸似乎永远问不倒，钱小蛋很是佩服，不由得感叹道："爸爸，你怎么什么都懂啊？这些新词汇，我都没听过。"

"因为爸爸随时在学习啊，要想成为一个知识渊博的人，必须对新生事物保持关注。"爸爸哈哈大笑，"下面，我们分别来说说网红和直播带货，好吗？"

"好啊好啊。"两个小家伙拍手欢迎。

"网红是网络红人的简称，是指因为某件事或某个行为而被网友大量关注和追捧的人，或者长期持续输出专业知识而走红的人。

不过，要注意的是，网红分两种：传递正能量的和传递负能量的，我们应该支持传递正能量的网红，自觉抵制传递负能量的网红，不能盲目崇拜网红。"爸爸进一步解释，"直播带货，主要是指明星、网红等公众人物通过直播的形式，利用自身的影响力，带动商品销售的一种经济行为。"

"看来当网红主持人真不容易啊。"钱菲菲有点想放弃。

爸爸把钱菲菲搂在怀里，安慰道："只要不断努力，好好学习主持的基本功，今后万一当不成网红主持人，还可以做电视或者电台主持人呢。加油！"

"嗯，谢谢爸爸。"听爸爸这么一说，钱菲菲的心情好多了。

钱爸爸买了一辆新车

本篇知识点

无证驾驶　高配车

国产车

合资车　MPV

三厢车

钱爸爸是家里最忙的人，每天要写各种分析报告，经常很晚才下班，有时候连周末都要加班，钱小蛋和钱菲菲想让他俩出去玩都没时间。但让全家人感到诧异的是，星期五这天，不到下午六点，他居然下班回家了。

钱妈妈正准备出门买菜，见钱爸爸这么早下班，于是好奇地问："咦，莫非今天太阳从西边出来了，你下班好早啊。"

钱爸爸哈哈一笑，兴奋地说："太阳还是从东边出来的。我有一个特大喜讯要宣布，大家想不想听啊？"

全家人都无比期待地点头。

"最近半年，我投资的股票和其他理财产品获得丰厚回报，收益一共有 8 万元。我决定买一辆家用汽车。这样的话，今后无论办事还是一家人出去玩，或者回乡下老家都方便多了。"钱爸爸说，"今晚我请大家吃火锅，好好庆祝一下。我马上给你们舅舅打电话。"

糊涂舅舅接到电话，说二十分钟就赶过来。

"哇喔，我没听错吧？"钱菲菲简直不敢相信自己的耳朵。

钱小蛋抓住爸爸的手，认真地问："爸爸，您说的是真的吗？从来没听您说过这事啊？"

"等等！你想买车，问题是你有驾照吗？无证驾驶可是违法行为呢。"钱妈妈提醒道。

"我也记得爸爸好像没有驾照呢。对了，无证驾驶是什么意思啊？"钱菲菲问。

妈妈解释说："无证驾驶，是指机动车驾驶人在驾驶证与准驾车辆不符、驾驶证过期未及时更换或在没有驾驶证的情况下驾驶机动

钱爸爸买了一辆新车

车。这只是最常见的几种情况，当然还有其他情况也属于无证驾驶，比如使用伪造、变造的驾驶证或其他非法途径获取的驾驶证等，一旦被查获，会被公安交通管理部门处罚。"

"当然是真的。我今天才宣布，就是希望给大家一个惊喜！"钱爸爸得意起来，"钱妈妈，我的驾照是在我们结婚那年考取的，你忘了啊？"

钱妈妈拍拍脑门，说："对对，瞧我这记性。买车确实是我们家的大喜事，走，今晚爸爸请客。"

¥🥚……¥🥚……¥🥚……

钱小蛋一家四个人，加上糊涂舅舅，一起来到小区附近的一家火锅店，服务人员热情地安排好座位。

"爸爸，你准备买什么车啊？"钱小蛋已经迫不及待了。

钱爸爸先给每个人的碗里夹了菜，然后介绍自己的购车计划："8万元可以买一辆高配置的国产轿车了，不买合资车，而且最好是三厢车，方便多放一些物品。"

钱妈妈想了想，提出自己的建议："轿车只能坐5个人，加上乡下的爷爷奶奶，我们家有6个人呢，要不买MPV吧？"

"你们说的什么啊？我一句没听懂。"钱菲菲鼓起嘴低声抗议。

钱小蛋也附和着说："我也没听懂。高配车、国产车、合资车、三厢车都是啥意思？"

"别急，舅舅一个个给你们说一下就懂了。高配车就是同品牌旗下的同一款型号、同一款车型的最高配置版本车型。高配车相比低配车，增加了很多功能，价格也贵一些。而国产车是指由我们中国人自己设计制造、具有自主知识产权，属于中国人自己品牌的汽车。至于合资车，就是由中国汽车企业与外国汽车企业合作，共同制造并销售的汽车。"

糊涂舅舅喝了一口茶水，继续说，"三厢车是指车身结构由三个相互封闭、用途各异的'厢'所组成的车，三厢分别为前部的发动机舱、中部的乘员舱和后部的行李舱。"

"那MPV呢？"钱菲菲提醒道。

"嗯，差点忘了。"糊涂舅舅继续说，"MPV即多用途汽车，是从旅行车和小轿车发展而来的，这种车型既有旅行车的大空间、小轿车的舒适性，也有货车的功能，可以坐7～8个人。"

钱小蛋放下筷子，想了一会儿，认真地问："咦。既然有三厢车，是不是也有两厢车和四厢车啊？"

爸爸笑了："没有四厢车，但两厢车有很多。两厢车可以理解为没有行李舱，也就是没有'屁股'的汽车。"

"哈哈，汽车没有'屁股'，会不会很糗啊？"钱小蛋捂着肚子大笑起来。

钱菲菲也差点笑得把饭喷出来。

第二天，钱爸爸带着一家人前往一家汽车销售店买车。

销售人员热情地介绍新车的各种性能和价格，钱爸爸和钱妈妈商量之后，选中了一辆白色的MPV。

看着新车高大漂亮的外形、宽敞的空间，钱小蛋和钱菲菲兴奋地钻进车里，在里面玩得可开心了。

"这车太漂亮了。爸爸，今后周末我们去野外

玩吧，我要带上画架，好吗？"钱菲菲开始规划有车的生活。

"要不，我们家买个烧烤架吧，到时买上排骨、鸡翅、鸡腿和蔬菜，就可以吃美味的烧烤咯。"钱小蛋也在计划未来的生活。

钱菲菲鄙视地说："小蛋，你就是个吃货，哈哈！"

"好好好！只要爸爸有时间，你们想去哪玩都行。"爸爸微笑着答应了。

两个小家伙你来我往斗嘴，爸爸在销售人员的引导下交清了费用，办理好了买车的所有手续。

忙了一个上午，销售人员还邀请大家在店里吃了免费午餐。休息一会儿后，爸爸像一个新上战场的战士，小心谨慎地开着新车载着一家人往家走。

在回家路上，开心无比的钱妈妈还破天荒地唱了一首歌呢。

钱妈妈网购了一只大甲鱼

本篇知识点

网购陷阱

自建物流

网络购物

网购好处

无人机快递

电商平台

这两天，钱爸爸生病了，他不得不向单位请了假，在家休养。楼下诊所的医生说，钱爸爸生病的原因，主要是平时锻炼太少，过度劳累，免疫力下降。

钱妈妈决定买一只甲鱼给钱爸爸补补身子。她抽空去了附近的大型超市和农贸市场查看甲鱼的价格。

一回到家，钱妈妈就说："太贵了！超市卖的人工养殖的甲鱼每斤要 80 元，农贸市场的野生甲鱼竟然要 200 元一斤。"

钱爸爸赶紧劝钱妈妈说："不必花那个钱。休息几天，我马上就生龙活虎了。"

"那可不行，你可是我们家的主心骨呢。钱爸爸，你莫非忘了我是网购达人啊？"钱妈妈笑了起来，"我已经用手机查过了，网上购买，人工养殖的甲鱼才 40 元一斤，足足便宜一半呢。"

"虽然我们之前也在网上买过东西，但都是衣服鞋子什么的，可甲鱼是活的，也可以买得到吗？"钱菲菲觉得不可思议。

钱小蛋也很疑惑："如果可以买甲鱼，那么网上是不是什么都可以买啊？"

"当然。只要不是法律禁止销售的产品，平时我们看到的，还有很多看不到的商品都能买到呢。"钱妈妈得意地说，"看来，我必须得给你们普及一下网络购物的知识了。"

"好啊，我正想学习呢。"爱学习的钱菲菲迫不及待地抛出问题，"网络购物到底是什么？有哪些好处呢？"

钱妈妈网购了一只大甲鱼

"网络购物，简称网购，就是通过互联网检索商品信息，并通过电子订购单发出购物请求，然后用银行卡、支付宝等方式付款，商家通过邮寄方式发货，由快递公司送货上门。"钱妈妈介绍说，"网络购物是一种区别于传统在实体店购物的新方式，对生产厂家、批发商和消费者来说，都有很多好处。如果仅仅从消费者的角度出发，网购好处主要有五个：一是可以随时随地购物，交易不受时间和地点限制；二是可以任意搜索和选购自己想要的商品，并且能买到当地没有的商品；三是网上支付比之前的现金支付更加安全便捷；四是买到的商品会有人送货上门；五是因为商家省去了租店、装修、聘请店员、建仓库等一系列费用，商品价格比实体店便宜很多。"

"怪不得妈妈那么喜欢从网上买东西呢。"钱菲菲开始佩服英明的妈妈了。

钱妈妈微笑着提醒道："那是。不过，网络购物虽然好处很多，但也有不少不得不防的网购陷阱。"

"网购陷阱是什么？都有哪些呢？"钱小蛋很惊讶，他以为网购只有好处。

"网购陷阱，就是指在网络购物过程中，消费者遭遇的不合理待遇和套路。通常有四种情况：一是商家虚假宣传；二是商家先涨价后再打折；三是可能会被不法分子窃取银行卡信息；四是商家不履行售后承诺。所以，网络购物也得小心。"钱妈妈拿出手机，开始下单，很快完成了买甲鱼的所有流程。

第二天傍晚六点，快递员就把大甲鱼送到家了。

钱妈妈手脚麻利，宰杀、清洗、放佐料、加水、开火……两个小时左右，一锅香喷喷的清炖甲鱼汤就端上桌了。

"钱妈妈的手艺真是不错啊！"钱爸爸给每人夹了一大块甲鱼肉，夸奖道。

钱小蛋也说："确实太好吃了！"

"妈妈，为什么昨天下单，今天傍晚就能收到呢？"钱菲菲好奇地问。

"嗯，菲菲的问题很好。"钱妈妈解释说，"部分电商平台为了在激烈的市场竞争占据优势，就会自建物流系统，加上生产基地很近，就能做到今天

下单第二天送达。"

"那什么是电商平台和自建物流呢？"钱菲菲追问。

"电商平台的全称叫电子商务平台，通常指为企业或个人提供网上洽谈、宣传和交易等服务的网络平台。比如我们国家比较有名的淘宝、京东等，就属于大型电商平台。"钱妈妈进一步说，"自建物流，是指一些大型电商平台通

过设立控股公司，自己经营物流业务，完成商品配送。自建物流的特点是，内部协调方便，反应比较快，处理买卖双方的需求信息及时，能在第一时间派单。现在科技发展很快，已经有公司开始用无人机送货了呢。"

听说已经有无人机送货，钱小蛋不禁脱口而出："太酷了。那我今后过生日，也可以让蛋糕店用无人机送货吗？"

钱爸爸插话说："小蛋说的是一种新型的快递方式，叫无人机快递，就是利用无线电遥控设备和计算机程序控制和操纵无人驾驶的低空飞行器运载包裹，将其自动送达目的地。这种快递方式的优点是可以解决偏远地区的配送问题，提高配送效率，降低人力成本；缺点是容易受到恶劣天气影响，或者在送货过程中遭到人为干扰和破坏等。随着无人机应用领域的逐渐拓展，无人机给你送蛋糕是完全有可能的。"

大家边吃边聊，一大桌饭菜被一扫而光。

"好了，孩子们，今天我们不但吃到了美味可口的甲鱼，还学习了新知识，开心吗？"钱妈妈站起来准备收拾碗筷。

"开心！"钱小蛋和钱菲菲齐声回答。

说完，钱菲菲自告奋勇帮妈妈收拾桌子，钱小蛋主动帮忙打扫卫生，而钱爸爸回房继续休息。

糊涂舅舅的装修烦恼

本篇知识点

精装房

毛坯房

装修风格

室内设计师

拖延工期

偷工减料

糊涂舅舅自从买了新房后，变得更忙了。白天要上班，只有晚上和周末才有时间处理装修的事。

星期三，钱小蛋和钱菲菲放学回到家，糊涂舅舅正在和爸爸妈妈聊天。从神态上看，一向乐观阳光的舅舅比平时憔悴了很多。

见到钱小蛋和钱菲菲，糊涂舅舅的脸上露出了笑容："小蛋，菲菲，有段时间没看到你们了。"

钱菲菲的嘴巴一向很甜："舅舅，我可想你呢。你好像精神不太好，怎么了？"

"真笨！舅舅不是在忙着装修房子嘛，肯定要到处跑，没休息好啊。"钱小蛋嘴巴很快，说话像开机关枪一样。

"舅舅，你的房子为什么要装修呢？不是可以买那种可以直接住进去的房子吗？"钱菲菲不解地问。

糊涂舅舅顿时觉得脸有点发热，解释说："你说的那种叫精装房，舅舅没钱，买的是毛坯房，所以必须装修，否则没法住人呢。"

"精装房和毛坯房是什么？有什么区别吗？"钱菲菲追问。

"简单来说，精装房就是根据国家相关要求，开发商在交房屋钥匙前，所有空间的固定面全部铺装或粉刷完成，厨房和卫生间的基本设备全部安装完成，购房者拿到钥匙后，可以直接入住的房子。"糊涂舅舅介绍说，"毛坯房，是指屋外阳台、护栏和大门已经有了，而屋内只有门框没有门，墙面和地面只做了基础处理而没有进行表面处理的房子。这两种房子的区别，主要是装修程度不同。"

钱妈妈忙前忙后，在准备晚餐。没多久，她走

过来说："好了，菲菲，让你舅舅歇口气，我们准备吃晚饭了。"

钱妈妈做的晚餐可丰盛了。她不但做了钱爸爸最喜欢吃的醋熘白菜，糊涂舅舅爱吃的爆炒肥肠，还有钱小蛋爱吃的卤鸡翅和钱菲菲的最爱——糖醋排骨。

"舅舅，你打算把房子装修成什么样子啊？"钱小蛋一边啃鸡翅一边问，"对了，要不要在阳台上设计一座假山，然后养一些金鱼，怎么样？"

"小蛋，你懂什么啊，不要瞎掺和。"钱菲菲对钱小蛋的建议嗤之以鼻。

"要你管。我是给舅舅建议，又不是给你。哼！"

钱小蛋不服气。

糊涂舅舅却对钱小蛋的建议表示赞同："还别说，我觉得小蛋的想法很不错呢。其实，你问的是装修风格的问题。"

舅舅的肯定让钱小蛋很得意，他接着问："那什么叫装修风格呢？都有哪些风格啊？"

糊涂舅舅停下筷子，解释说："<u>装修风格，又称为设计风格，是指房屋装修的整体特点。</u>因为每个业主的爱好不同，室内设计师擅长的风格也不一样，最后出来的效果自然也是各不相同的。装修风格大致可分为：现代简约、山水田园、后现代、地中海、东南亚、美式及日式等。现在你可能觉得比较复杂，等你长大了，就慢慢懂了。"

钱菲菲耳朵很尖，记得之前美术老师范老师说过，大家学习画画，虽然不是每个人都能成为画家，但将来可以设计飞机、设计服装、设计园林、设计家具，她充满期待地问："装修房子还需要设计师啊？我喜欢画画，将来可以做室内设计师吗？"

"菲菲，你的问题真多，让舅舅吃饭吧。"钱爸爸出来解围。

"没事。菲菲爱问问题是好事。"糊涂舅舅继续说，"说到室内设计师，我们首先得搞懂什么叫家装设计。<u>家装设计是指在正式装潢开工前，提前对房屋的功能和格局进行规划设计，包括材料选择、空间布局、装饰造型和颜色搭配等</u>。设计的过程比较复杂，涉及很多专业知识。<u>而室内设计师是一种专门从事室内设计的职业，工作内容是结合有限的空间、时间、科技、工艺、物料及成本等因素，打造出既实用又好看的全新空间，以满足客户的个性化需求。</u>

菲菲的画画得很好，未来完全有可能成为一名优秀的室内设计师呢。"

舅舅的夸奖和鼓励，让钱菲菲很开心，但钱小蛋对此很不满，他发出抗议："舅舅，你偏心。我只问了一个问题，菲菲问了几个问题，不行！"

全家人都哈哈大笑起来。

钱爸爸打趣说："别人都争着吃好的、穿好的，咱们家小蛋争着问问题，爸爸为你点赞。"

被爸爸这么一夸，钱小蛋显得很高兴，他马上提出了一个问题："我的好朋友马大壮说，他们家在装修时，他爸爸和装修公司的人吵起来了，这是为什么啊？"

"嗯，小蛋这个问题正好提醒了我。在装修过程中，业主和装修公司确实经常发生矛盾。"糊涂舅舅解释说，"矛盾一般集中在两个方面：一个是偷工减料，另一个是拖延工期。"

"具体是什么意思？"钱小蛋追问。

"偷工减料是指有人为了获得暴利，暗中降低产品或服务质量，削减工料，敷衍了事。比如，本来应该用质量好的材料，装修公司悄悄使用质量比较差的材料，埋下安全隐患。"糊涂舅舅进一步说，"拖延工期就是在合同约定的交房标准基础上，装修房屋的时间延长，导致不能按时交房。拖延工期的原因有很多。比如，设计存在问题、组织施工不力、施工技术力量不足等。"

"谢谢舅舅！我没问题了。"钱小蛋礼貌地表示感谢。

舅舅抬起手腕看了看手表："哎呀，马上八点半了，我得回去了。"

钱小蛋和钱菲菲将糊涂舅舅送到电梯口，然后拉着手回家。

毛老师的创意课

本篇知识点

专业技能　财商　延后享受

财务自由　主动收入

被动收入

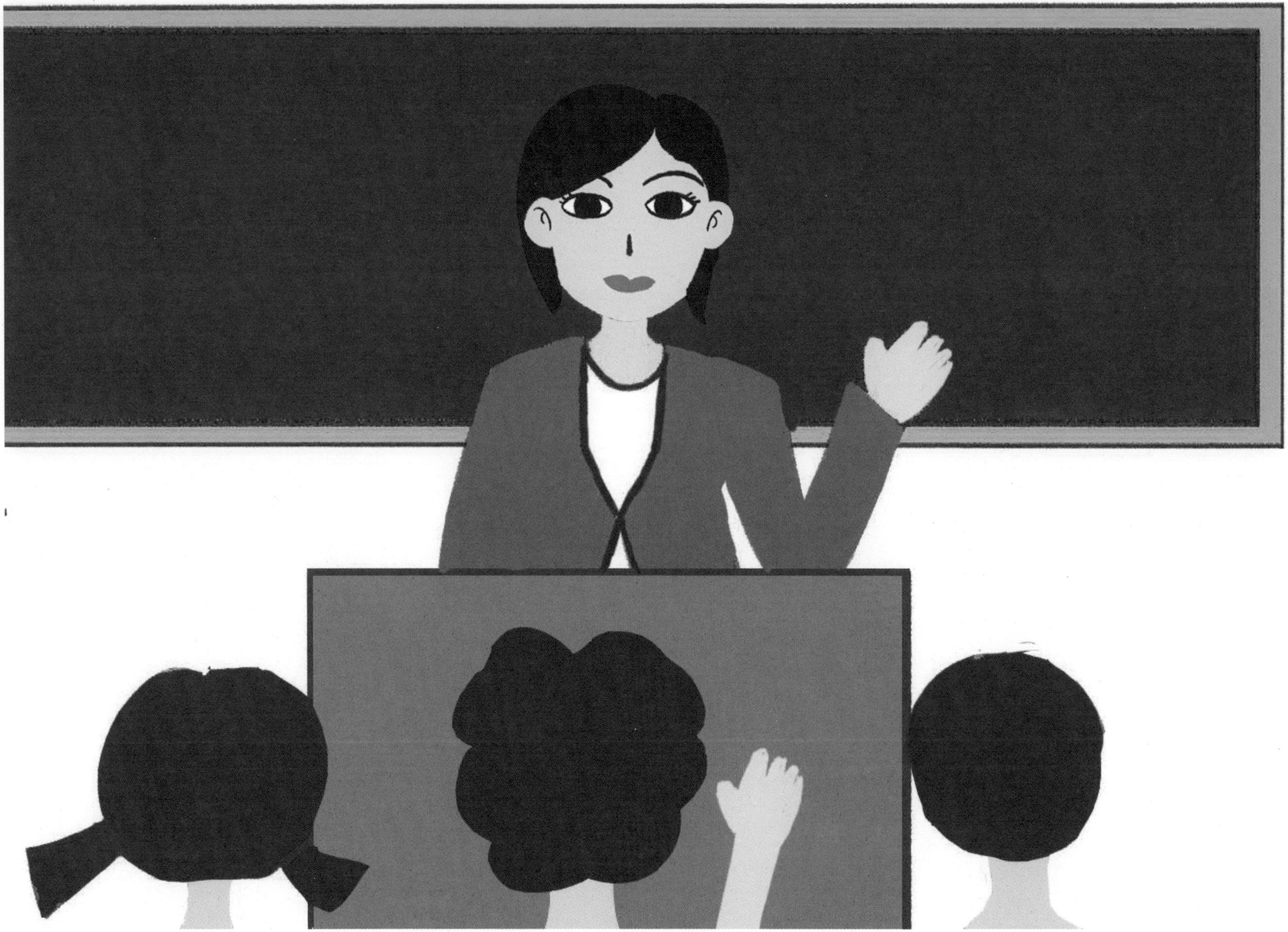

星期二下午第二节课，是班主任毛老师的语文课。当离下课还有 10 分钟时，毛老师宣布了一条激动人心的消息。

"同学们，我们班要搞一个'家长进课堂'系列活动，活动持续一个月，每周邀请一位家长来当临时老师，一共会有四位家长来给大家上课。大家想听什么内容，可以告诉老师。"毛老师问。

"老师，可不可以让临时老师教我们做手工？"一位女同学举手回答。

高博文站起来说："老师，我想听好玩又真实的故事，比如开飞机的故事。"

"老师，我想学滑冰。"许思红举手。

"我想学赚钱。我们家太穷了，我想给爸爸妈妈减轻点负担。"坐在第一排的一位男同学站起来，红着脸低着头，小声说。

"哈哈哈！赚钱怎么教啊！"坐得近的几位男同学都哄笑起来。

"安静！安静！同学们，虽然李冰同学家庭条件不如你们的好，但他有男子汉的责任感，我们应该为他鼓掌。"毛老师说完，带头鼓掌。

台下掌声雷动。

"同学们，因为临时老师只有四位，你们的要求没法一一满足，但我会尽量选择大家都关注的主题。第一期就讲'如何正确理解财商'，欢迎大家推荐投资理财专家来当第一期的老师。"

钱小蛋站了起来，举手大声说："我推荐我爸爸。"

"好啊，那说说你爸爸是做什么的。"毛老师鼓励道。

"我爸爸可厉害了，是投资公司的分析师。只要与钱有关的知识，他都懂。"钱小蛋把爸爸一阵猛夸。他用余光瞟了瞟旁边同学羡慕的目光，他可得意了。

毛老师当场拍板："好的。下课！"

¥🥚 ······ ¥🥚 ······ ¥🥚 ······

当天晚上，钱爸爸接到了毛老师的电话。电话里，毛老师把这次活动的主题和目的详细说了一遍，钱爸爸愉快地接受了邀请。

星期五下午，钱爸爸特地请了假，按时来到梧桐树小学一年级2班。走进教室，只见黑板上写有"如何正确理解财商"几个大字。

"同学们，让我们用热烈的掌声，欢迎钱小蛋

和钱菲菲的爸爸来给我们上第一课。钱爸爸是投资理财专家，钱爸爸讲完后，大家可以提问。下面，有请钱爸爸开讲。"毛老师先来了一段开场白。

"同学们，很高兴和大家交流。"钱爸爸开始正式讲课，"首先，我先给大家说说，什么叫财商？

学习财商有什么好处？”

全班同学屏住呼吸，认真听讲。

"简单来说，财商的本义是金融智商，英文缩写为 FQ，是指一个人认识、创造和管理财富的能力。在现代社会，财商是与智商、情商并列的三大能力。财商可以通过后天的训练和学习得到提升。"钱爸爸解释说，"学习财商，可以让我们客观理性地认识金钱和财富，利用专业知识做更好的自己。"

钱爸爸一边讲解知识点一边穿插有趣的故事，大家听得津津有味。

30 分钟的演讲环节结束后，钱爸爸提醒说："现在是提问环节，大家有什么想问的，都可以提出来。"

"钱叔叔，我爸爸妈妈没读过书，在工厂打工，工资很低，我想早点赚钱，应该怎么做呢？"李冰

第一个提问。

"这位同学很孝顺。不过，你现在最重要的是好好学习。你的爸爸妈妈工资低，其中一个原因就是他们没读过书，专业技能不高。"钱爸爸说，"经过刻苦学习，将来你成为专业技能高的人了，就能赚钱孝敬父母了。"

"那什么是专业技能呢？"李冰追问。

"专业技能是指从事某一职业的专业能力。比如，如果我来学校应聘，想成为你们的老师，那么我必须具备最基本的教学能力才行。"钱爸爸解释说。

"那通过努力学习财商，能成为有钱人吗？"马大壮看了看周围，不好意思地举手提问。

"通过财商教育，确实可以提升我们在财富管理方面的技能，但并不代表一定会成为有钱人，因

为一个人是否有钱，还与其他很多因素有关。不过，大家必须树立起延后享受的观念。"钱爸爸分析说，"所谓延后享受，就是指延期满足自己的欲望，以追求未来更大的回报。也就是我们常说的先苦后甜。"

"叔叔，可以举个例子吗？"一位女同学站起来说。

"好的。比如，一个人现在很想去旅游，不想工作。虽然他目前确实可以去旅游，但因为钱少，所以只能在周边不远的地方玩。如果他现在努力工作，把对旅游的享受往后延迟，等赚到更多的钱之后，他就可以出国玩，并且能够玩更长的时间。这就是延后享受的例子。大家明白了吗？"钱爸爸微笑着问。

"明白了！"大家齐声回答。

"同学们，下课时间到了，祝你们学习愉快。再见！"下课铃声响了，钱爸爸宣布下课。

在吃晚饭时，一家人开心地讨论白天讲课的场景。

"爸爸，你讲得真好！"钱小蛋说，"不过，你今天讲的知识，我都没听过呢，要是我把这些都学会了，我会不会成为富豪？"

"能不能成为富豪并不重要。爸爸妈妈更希望你们健康快乐地成长，有一天能实现财务自由就很好了。"钱爸爸说。

钱菲菲问："财务自由是什么意思？"

"简单来说，财务自由是指无须为日常生活开支而努力赚钱的一种生活状态。一般理解为，当一个人的资产产生的被动收入等于或超过他的日常开支时，这种状态就可以称为财务自由。"钱爸爸举例说，"比如，一个人每月的花销只需要4000元，但他拥有的房子的租金收入就有1万元，这种状态就是典型的财务自由。"

"被动收入是什么？莫非还有主动收入？"钱菲菲对新词汇紧追不舍。

"嗯。收入可分为被动收入和主动收入。被动收入是指不用主动付出劳动，靠投资或利用别人的时间和钱获得的收入。而主动收入，就是必须用时间和劳动去换取的收入，比如工资，不工作就没有工资。懂了吗？"钱爸爸问。

"懂了。"钱菲菲回答完，拉着钱小蛋回房间下跳棋去了。

马大壮的新发现

本篇知识点

假日经济　　农家乐　　新能源汽车

绿波速度　　尾气污染

绿波带

＿＿＿＿位关系很好的同事刚刚搬新家，邀请马爸爸一家周六去做客。马大壮本来计划周六和钱小蛋、高博文一起踢足球，不过，想到去做客有好吃的，他改变了主意。因为这件事，钱小蛋和高博文叫他是"馋猫"。

马大壮一直就喜欢美食，只要有美味的食物，别说叫他是"馋猫"，叫他什么都行。

马大壮家在城北，爸爸同事家在城南，如果选择开车，最短的路线是从市中心穿城而过。

周六上午，马大壮好不容易熬到 9 点，爸爸和妈妈才收拾好下楼。马爸爸发动车子开上大街。

街道两旁，此起彼伏的高楼不断往后闪过，巨大的玻璃幕墙折射出耀眼的光芒，马大壮不禁为住在如此漂亮的城市而感到自豪。

"妈妈，平时经常堵车，街道上的人也很多，为什么今天车和人都很少呢？"马大壮提出一个疑问。

妈妈回答说："因为今天是周末，不少人都出城度假了，所以城里比平时空荡得多。"

"你妈妈说的没错。"马爸爸说，"这种经济学现象叫假日经济，是人们利用节假日集中旅游、购物、消费的一种经济模式。比如，逢年过节或周末，城市周边的旅游景点和农家乐生意十分火爆。"

"农家乐是什么？"马大壮对这个新词汇很感兴趣。

"农家乐是由农村居民向城市居民提供的一种回归自然、放松心情的休闲旅游方式。农家乐的经营者主要提供农村的土特产品来满足客人的需要，因为农家乐周围有美丽的自然风景或田

园风光，空气清新，所以受到城市人群的喜爱。"马爸爸说，"今后周末有时间，我们也去农家乐玩吧。"

"太好了。我们可以在农家乐摘草莓、抓鱼和种菜吗？"马大壮开始设想一些好玩的场景。

"当然有啊。那些大型的农家乐提供的服务远远不止这些呢。"妈妈解释说，"我们单位之前去过的农家乐，还可以在里面进行射箭比赛。"

聊着聊着，他们很快就到了目的地。爸爸的同事已经站在门外，满面笑容地迎接大家。

爸爸的同事家也有一个上一年级的小男孩。马大壮很快就和这个小朋友玩到了一起。两人一会儿共同拼装玩具，一会儿躲猫猫……

中午，马爸爸的同事亲自下厨，做了丰盛的一桌饭菜招待马大壮一家。吃过午饭，休息了半个小时，马爸爸才开车回家。

马大壮靠在妈妈身上，看着窗外的街景。突然，他发现一个有趣的现象：当爸爸的车开过一个绿灯后，下面的几个路口一样也是绿灯。

马大壮不解地问："爸爸，我们的车一连通过几个路口都是绿灯，运气真好。"

"这可不是运气好，这种现象叫绿波带，就是在特定的交通线路上，当规定好路段的车速后，信号控制设备根据路段距离，对车流所经过的各路口的绿灯起始时间做出相应的调整，这样一来，当车流到达每个路口时，正好遇到绿灯。设置绿波带的目的，是使车辆不遇到红灯或者少遇到红灯，从而提高通行效率。"

"对了，马爸爸，那是不是任何时候都可以达到一路绿灯的效果呢？"马妈妈也加入讨论。

"其实并不是。绿波带只有在道路非饱和状态下才有效。也就是说，如果车多拥挤，有人不遵守交通规则，某一个路口停的车太多，一个绿灯放行时间无法让等待的所有车辆都通过，后面累积的车辆在接下来的路口就可能全部遇到红灯。"马爸爸进一步解释，"还有，要想一路绿灯，还得按照规定保持绿波速度才行。"

"那什么是绿波速度呢？"马大壮"打破砂锅问到底"。

"绿波速度指的是车辆保持某个行驶速度，可以在路口减少车辆等待红灯的时间，从而最大限度提升车辆通行能力。比如，前面路口的路灯杆上挂着一个牌子，上面写着:50km/h。意思是说，只要保持每小时 50 公里的速度，理论上我们可以一路绿灯。"马爸爸解释说。

"看来设置绿波带的好处不少呢。"马大壮说。

马爸爸点点头，说："是的，除了确保行车通畅、节约时间，其实还可以节约能源、保护环境。"

"保护环境？"马大壮问，"这个是如何实现的呢？"

"是这样的，我们的汽车大部分是烧汽油的，如果遇到堵车，走走停停，司机必须得不断踩刹车和油门，这就会造成大量的尾气污染。"马爸爸解释说，"尾气污染是指机动车的燃料不能完全燃烧，排出的尾气对大气造成的污染。尾气成分主要有一氧化碳、氮氧化合物、二氧化硫等多种有害物质，这些物质会通过不同的渠道污染空气、水源和土壤，对人类和动植物危害较大。"

马大壮曾经在电视上看过，被空气污染的人患病后，不停咳嗽、痛苦不堪，那种场景让人觉得很恐怖，于是很关心地问："那汽车可以烧其他污染少的燃料吗？"

"可以。为了减少污染，人们正在努力开发新能源汽车。不过，因为技术不够成熟、成本太高等，新能源汽车暂时还不能完全取代燃油车。"马爸爸无奈地表示。

"那什么是新能源汽车啊？"马大壮追问。

"新能源汽车是指采用非传统燃料作为动力来源，综合车辆的动力控制和先进的驱动技术，采用新技术、新结构的汽车。比如，有的新能源汽车是纯电动的，不使用汽油、柴油、天然气等传统燃料。"

这时，马妈妈提醒道："好了，到家了。大壮，我们下车吧。"

"好的，妈妈。今天学了好多新知识啊，谢谢爸爸。"马大壮说完，跳下车，向电梯跑去。

高博文又考了 100 分

本篇知识点

- 赌注
- 工业机器人
- 智能机器人
- 机器人算法工程师
- ETC
- 自动识别技术

星期三的数学考试，星期五终于公布了成绩，高博文又考了 100 分。放学路上，他的几个小伙伴都羡慕不已。

钱小蛋佩服地说："高博文，你的数学经常考满分，太厉害了，真是高博士啊！"

"是啊。你是怎么做到的？为什么我每次都只考 80 分左右？"许思红表示不解。

高博文假装谦虚地说："这没什么，主要是题目太简单了。"

"瞧你嘚瑟的。"马大壮不服气，"下次我也考 100 分，这次只是差了 12 分而已。"

"哈哈，差 12 分而已？你以为是 2 分啊？"高博文大笑起来，边笑边捂着肚子。

大家都没忍住笑。

"算了吧，马大壮，就你？"对于马大壮的豪言壮语，钱菲菲不屑一顾。

"不信？谁敢跟我打赌？"马大壮的倔劲上来了。

"我跟你赌，赌什么？"高博文信心满满。

马大壮想了想，说："如果我下次数学考了 100 分，你就一个人去看看学校旁边的那个木屋里有什么。如果我输了，我就去。怎么样？"

说起学校旁边的那个小木屋，可是全校男同学眼中神秘的地方，平时，那个小木屋好像没人管理，但每次路过时总能听到奇怪的声音。想到这里，一向胆小的高博文不禁打了个寒颤，但话已说出口，已经没有退路了，他只能硬着头皮说："成交！"

回到家，高博文把这次数学考试的结果，以及和马大壮打赌的情况告诉了爸爸。

"虽然你这次考试得了 100 分，值得表扬，但

爸爸还是要批评你。"爸爸严肃地说。

"为什么？我没做错什么啊？"高博文低声说。

爸爸说："和同学打赌，是一个不好的做法，稍不注意，就会带来不好的结果。"

高博文不解地问："可我们赌的只是去看看那个木屋里到底有什么，应该没什么后果吧？"

"嗯，虽然这次你们的打赌可能没什么严重后果，但打赌都会有赌注，一旦打赌变成习惯，赌注就会越来越大，可能一次失败，就会让你麻烦缠身。"

"原来是这样。什么是赌注呢？"高博文问。

"赌注就是指打赌的东西，一般是一笔承担打赌风险的钱或等价物。"爸爸解释说，"比如，一支笔、一块手表甚至一套昂贵的房子，都可以作为赌注。"

"拿房子来打赌？这也太疯狂了！"高博文很震惊。

爸爸微笑着说："是的，人在失去理智时，就顾不得那么多了。所以，你和同学互相鼓励、共同进步是好事，但千万不要互相攀比，更不要打赌，知道吗？"

"嗯。知道了。"高博文突然想起，爸爸之前说过，周六要去银行办事，他提出希望一起去。

爸爸爽快地答应了。

星期六上午，高博文和爸爸来到小区附近的一家银行网点。

走进大堂，一个呆萌可爱的机器人过来打招呼："您好，我叫花花，今年 4 岁了，花花是个萌妹子，

现在当大堂小助手，请问您办理什么业务？"

花花身高 85 厘米左右，脑袋是一块触摸屏，除了能够引导客人办理业务，还可以陪客人聊天。

爸爸去柜台办理业务了。高博文只能坐在休息区的凳子上无聊地等着。这时，花花又过来了，她问道："小哥哥，你几岁了？读几年级？"

"我 7 岁了，读一年级。"高博文回答。

"哇，小哥哥真棒，那我得快快长大，人家也想去上学呢。"调皮的花花回答。

…………

30 分钟左右，爸爸的事情终于办完了。高博文依依不舍地和花花告别。

在回家路上，高博文好奇地问："爸爸，花花是什么机器人啊？能够和我说话呢，太酷了。"

"花花是智能机器人，它拥有发达的'大脑'，在强大的中央处理器支持下，能够理解人类语言，用人类语言同操作者对话，并且能够进行自我控制。"爸爸进一步说，"随着科技的飞速发展，如今机器人可以分为很多类型呢。比如，按照应用环境来分，可分为工业机器人和特种机器人。而特种机器人又可以细分为服务机器人、水下机器人、娱乐机器人、军用机器人等。"

高博文继续问道："工业机器人是什么呢？"

"工业机器人是指工业领域的多关节机械手或多自由度的机器装置，是靠自身动力和控制能力来实现各种功能的一种机器，它可以接受人类指挥，也可以按照预先编排的程序运行。"爸爸说，"对了，你的数学很好，只要你不断努力，将来说不定可以当一名机器人算法工程师呢。"

高博文一听来了兴趣，追着问："真的吗？机器人算法工程师是干什么的啊？"

"机器人算法工程师是负责机器人的算法设计、运动建模及编程等环节的专业人员。"爸爸说，"这个工作就需要很好的数学功底。"

想到自己最喜欢的数学和将来有可能从事设计机器人的工作，高博文可高兴了。此时，他有点好奇爸爸刚才办理了什么新业务，于是问道："爸爸，你刚才办的什么业务啊？我等了你好久。"

"我申请了一张ETC卡。"爸爸解释说，"ETC，又叫不停车电子收费系统，通过安装在车辆挡风玻璃上的感应卡与在收费站ETC车道上的微波天线之间进行专用短程通信，利用计算机联网技术与银行进行后台结算处理，从而使车辆通过高速公路或桥梁收费站时无须停车即可自动交费。"

"自动交费是靠什么技术实现的呢？"高博文百思不得其解。

"主要是靠自动识别技术。"爸爸说，"自动识别技术是应用一定的识别装置，通过被识别物品和识别装置之间的'接近活动'，自动地获取被识别物品的相关信息，并提供给后台的计算机处理系统来完成相关后续处理的一种技术。"

高博文点了点头："今天的收获真大啊！谢谢爸爸。"

"嗯，我们回家吧。"爸爸拉着高博文的手，向家走去。

许思红的姑姑回国了

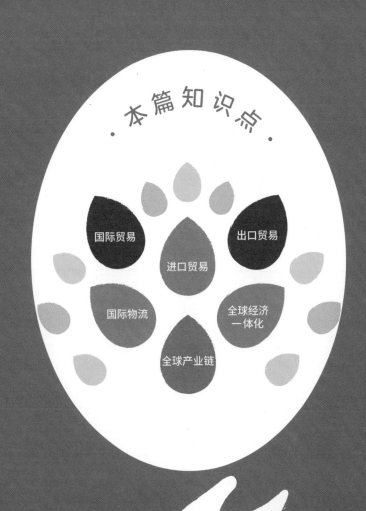

本篇知识点

国际贸易　　进口贸易　　出口贸易

国际物流　　全球产业链　　全球经济一体化

星期三晚上，许思红和爸爸妈妈正在客厅看电视。正在这时，姑姑打来国际长途电话，说要坐星期六的国际航班回国，请爸爸开车去机场接机。

姑姑是做外贸生意的，每次出国短则一个月，长则半年不见人影。这不，这次又有好几个月没看到她了，说不定又从国外带回来什么神秘礼物呢。想到这里，许思红也想去机场接姑姑，于是央求爸爸说："爸爸，我也要去接姑姑。"

"你不是要写作业吗？你和妈妈在家，我到时接到姑姑，很快就回来了呢。"爸爸不同意。

"不，我想去嘛。作业很快就写完了。"许思红坚持说。

爸爸把目光转向妈妈："妈妈的意见呢？"

妈妈点点头："既然作业没问题，那我们都去吧。"

"好吧。"爸爸勉强同意了。

"太好了。终于可以见到姑姑咯。"许思红高兴得一蹦三尺高。

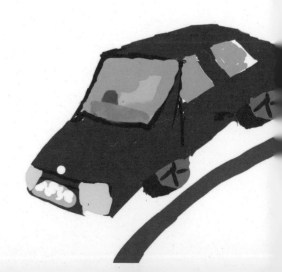

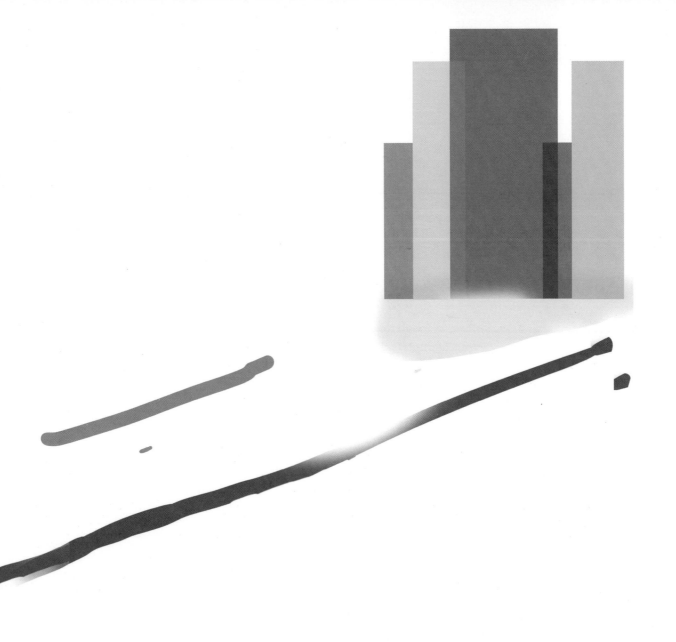

许思红的姑姑回国了

星期六上午 9 点半，许思红和妈妈一起坐上爸爸的车，向机场驶去。

"爸爸，姑姑为什么要出国做生意呢？国内不是也可以做生意吗？"坐在后排的许思红好奇地问。

"你姑姑做的是国际贸易。贸易前有'国际'两个字，自然会和不同的国家有生意来往呢。"爸爸解释道。

"那什么是国际贸易呢？"许思红摸了摸脑袋，第一次听说这个经济术语。

"国际贸易就是指世界各国或地区在商品和劳务等方面进行的交换活动，一般由进口贸易和出口贸易组成，因此也被称为进出口贸易。"爸爸说。

"啊？还分进口和出口啊？好复杂。"许思红追问。

"其实不复杂。简单来说，进口贸易是将其他国家或地区的商品或服务引进到我国市场销售。而出口贸易是将我国的商品或服务输出到其他国家或地区的市场销售。比如，你姑姑把我们国家的智能手机卖到非洲国家，就是出口贸易。"

许思红点点头，接着问："那我们国家的产品卖到别的国家，用什么运输呢？"

"这个问题涉及国际物流。所谓国际物流，又称全球物流，主要指生产和消费分别在两个或两个以上的国家或地区进行时，为解决生产和消费之间的空间距离和时间距离问题，对物资进行移动的跨境运输活动。目前，国际物流的主要的运输方式有海运、空运、公路、铁路等。"爸爸介绍说。

"如果用海运的话，速度是不是最慢啊？"许思红问。

爸爸笑了起来，解释说："不同的运输方式，有各自的优缺点。比如，用海运，优点是装的货物多、运费便宜；缺点是花费的时间长，比如从国内港口海运货物到非洲，一般要一个月左右。"

说着说着，一家人很快就到了机场。

"哇，好大的候机楼！"第一次看到机场候机楼的许思红显得格外兴奋，"妈妈，这座候机楼像不像一只大鸟啊？"

许妈妈从车窗向外望去，雄伟的候机楼确实很像一只展翅欲飞的大鸟。她转过身夸奖说："思红观察得真仔细。"

"我们到啦。"许爸爸把车开进停车场，提示大家下车。

走进接机大厅，只见大厅里人流涌动、热闹非凡。大厅里的各种设计充满科技感，犹如动画片里的外星飞船，许思红被震撼到了，久久不愿挪开脚步。

"思红，你姑姑出来了。"妈妈一边拉着许思红一边随着人潮向前移动。

"姑姑，我们在这里。"许思红从拥挤的缝隙中钻到警戒线的前排，很快发现了姑姑。

在回市区的路上，许思红缠着姑姑坐后排，妈妈坐在副驾驶位置，爸爸继续当司机。

"姑姑，给我讲讲国外的故事吧，可以吗？"许思红用期待的眼神看着姑姑。

"没问题，你想听什么呢？"姑姑一边说一边从随身携带的小包里拿出一串五颜六色的贝壳，"这是给你带回来的礼物，喜欢吗？"

"好漂亮啊！谢谢姑姑。"许思红对这份礼物爱不释手，说道，"对了，您为什么要做国际贸易的生意呢？经常出差，累不累啊？"

姑姑把许思红搂在怀里，认真地说："姑姑做这个工作，有两个原因：一是我大学学的专业是国际贸易，现在全球经济一体化趋势越来越明显，国际贸易的赚钱机会比较多；二是在工作过程中，我可以去世界各地旅游，顺便看看不同国家的风景，一举两得呢。"

"原来是这样啊。那全球经济一体化是什么意思呢？"许思红被说蒙了。

"简单来说，全球经济一体化是指人类的经济活动超出了国家（地区）的界线，使世界各国（地区）之间的经济活动相互依存、相互关联，在全球范围内形成有机整体。姑姑进一步解释说，"比如，很多大型跨国公司，可以把产品和服务卖到全世界，这就是全球经济一体化带来的好处，说不定你的玩具就是外国公司生产的产品呢。"

"真的吗？这也太厉害了！"许思红觉得不可思议。

前方是一个十字路口，趁等红灯灯的时间，爸爸插话说："你姑姑说得对。全球经济之所以能够实现一体化，主要是因为有全球产业链。"

许思红喃喃自语："全球产业链？感觉好高深啊！"

爸爸微笑着说："全球产业链是指在全球

范围内为实现某种商品或服务的价值而连接生产、运输、销售、利润分配等各个环节的跨企业网络组织。虽然，你觉得这些专业术语有些高深，但提前了解一些有关经济的知识，有利于拓宽你的视野，提升你的竞争力，知道吗？"

"嗯，知道了。"许思红忽然感觉肚子咕咕叫，看来肚子开始发出抗议了。

姑姑拉着许思红的手，问："午饭想吃什么，告诉姑姑，我请你吃大餐。"

"我要吃烤鱼！"许思红脱口而出。

"没问题。现在就去！"姑姑大方地说。

许爸爸加大油门向目的地疾驰而去。

图书在版编目（CIP）数据

钱小蛋理财记 . 存钱小管家 / 姚茂敦著；汪智昊绘 . —北京：电子工业出版社，2020.7
（写给青少年的财商课）
ISBN 978-7-121-38846-0

Ⅰ . ①钱… Ⅱ . ①姚… ②汪… Ⅲ . ①财务管理—青少年读物 Ⅳ . ① TS976.15-49

中国版本图书馆 CIP 数据核字（2020）第 048236 号

责任编辑：刘声峰
印　　刷：北京缤索印刷有限公司
装　　订：北京缤索印刷有限公司
出版发行：电子工业出版社
　　　　　北京市海淀区万寿路 173 信箱　　邮编：100036
开　　本：880×1230　1/16　印张：18　字数：207 千字
版　　次：2020 年 7 月第 1 版
印　　次：2020 年 7 月第 1 次印刷
定　　价：158.00 元（共 4 册）

　　凡所购买电子工业出版社图书有缺损问题，请向购买书店调换。若书店售缺，请与本社发行部联系，
联系及邮购电话：（010）88254888，88258888。
　　质量投诉请发邮件至 zlts@phei.com.cn，盗版侵权举报请发邮件至 dbqq@phei.com.cn。
　　本书咨询联系方式：39852583（QQ）。